BEI GRIN MACHT SICH IHR WISSEN BEZAHLT

- Wir veröffentlichen Ihre Hausarbeit, Bachelor- und Masterarbeit

- Ihr eigenes eBook und Buch - weltweit in allen wichtigen Shops

- Verdienen Sie an jedem Verkauf

Jetzt bei www.GRIN.com hochladen und kostenlos publizieren

Bibliografische Information der Deutschen Nationalbibliothek:

Die Deutsche Bibliothek verzeichnet diese Publikation in der Deutschen National-
bibliografie; detaillierte bibliografische Daten sind im Internet über http://dnb.d-
nb.de/ abrufbar.

Impressum:

Copyright © 2018 GRIN Verlag
Druck und Bindung: Books on Demand GmbH, Norderstedt Germany
ISBN: 9783668911734

Dieses Buch bei GRIN:

https://www.grin.com/document/464624

Lukas Reim

Das Elektroauto aus ökologischer Sicht. Ein Gewinn für die Umwelt?

GRIN Verlag

Das Elektroauto aus ökologischer Sicht - ein Gewinn für die Umwelt?

Facharbeit von Lukas Reim

Im Fach **Geographie**

Im **Grundkurs 1** Schuljahr **2017/2018**

<u>Inhaltsverzeichnis:</u>

1. Einleitung

Der Straßenverkehr in Deutschland verursacht etwa 20% der Treibhausgasemissionen (vgl. uba.de 2016: 32) und hat weitere negative Auswirkungen wie z.B. Feinstaub-, Schadstoff- und Lärmbelastung. Das Elektroauto (BEV) ist unter den PKW mit 0,07% noch kaum vertreten (vgl. Tabelle 1). Vor dem Hintergrund, dass BEVs als Zukunftstechnologie bezeichnet werden, befasst sich die Ihnen vorliegende Facharbeit mit der Frage, ob das Elektroauto aus ökologischer Sicht ein Gewinn für die Umwelt ist.

Der Begriff ökologisch ist als der langfristige rücksichtsvolle Umgang mit der Umwelt definiert. Als Umwelt wird in diesem Kontext die Natur sowie das Ökosystem der Erde bezeichnet. Demnach ist ein BEV umweltfreundlich, wenn es die natürliche Umwelt deutlich weniger belasten als konventionelle Alternativen. Detailliert wird in dieser Facharbeit auf das Treibhausgas Kohlenstoffdioxid und auf die Wasser- und Bodenverschmutzung eingegangen. Zudem werden die Auswirkungen auf die menschliche Gesundheit thematisiert, da auch wir ein Teil des Ökosystems sind.

Ein Elektroauto (BEV) ist ein Kraftfahrzeug mit vier oder mehr Rädern, welches durch einen Elektromotor angetrieben wird und die benötigte elektrische Energie aus einem Akkumulator (Batterie) bezieht (vgl. it-times.de 2018). Die Umweltfreundlichkeit und der CO_2-Fußabdruck eines Elektroautos sind von sehr vielen Faktoren abhängig und kann von Region zu Region sehr unterschiedlich sein. Diese Facharbeit geht speziell auf die Benutzung von BEVs in Deutschland ein.

Die Facharbeit ist in drei Themenabschnitte unterteilt. Als erstes wird die Herstellung von Elektroautos unter ökologischen Gesichtspunkten näher beleuchtet und dabei insbesondere der Rohstoffeinsatz und Batterieherstellung thematisiert und anschließend ein Vergleich der Herstellung von BEVs zu konventionellen Autos (ICEV) gezogen. Als zweiten Hauptpunkt wird die Benutzungsphase von Elektroautos in Deutschland untersucht. Der CO_2-Fußabdruck wird näherungsweise ermittelt, wobei der Einfluss von möglichen zukünftigen Veränderungen im Strommix analysiert wird, sodass sich Schlüsse auf die eigentliche Sauberkeit und Umweltfreundlichkeit von Elektroautos ziehen lassen. Auch hier wird das Ergebnis mit vergleichbaren konventionellen Autos verglichen. Im abschließenden Fazit werden der gesamten Lebenszyklus der zwei exemplarisch ausgewählten Fahrzeuge (Mittelklasse/ Oberklasse) betrachtet und eine zukunftsgerichtete Analyse durchgeführt, die mit einer kritischen Reflexion schließt.

Auf andere alternative Antriebe wurden aus folgenden Gründen nicht eingegangen: Erdgasantriebe nutzen als Energieträger weiterhin fossiles Ergas und das Treibhausgas-Einsparpotential wäre zu gering, um die Klimaziele längerfristig zu erreichen (vgl. uba.de 2016: 81). Brennstoffzellenfahrzeuge wiederum sind energetisch um die Hälfte ineffizienter als BEVs. Der Einsatz synthetischer Kraftstoffen im Verbrennungsmotor führt sogar zu einem vier- bis fünffachen Primärstromverbrauch. Diese alternativen Antriebsformen haben dadurch deutlich geringeren Reichweiten als batterieelektrische Fahrzeuge (vgl. Tabelle 2). Beim Hyprid- und Plug-in-Hybridfahrzeug ist der Rohstoffbedarf durch Benutzung zweier Antriebe größer (vgl. umweltrat.de 2017: 84). Dafür sind diese beim Gebrauch etwas effizienter als das konventionelle Auto. Dennoch schneiden hybride Systeme im Vergleich zum BEV über die gesamte Lebensphase hinsichtlich des CO_2-Fußabdruck nicht besser ab und in Zukunft deutlich schlechter ab (vgl. uba.de 2016: 79, 106).

2. Die Herstellung von Elektroautos

2.1. Rohstoffeinsatz

Bei der Herstellung eines BEV werden verschiedene Rohstoffe genutzt, welche in einem ICEV nicht vorkommen. Dabei ist der Rohstoffbedarf prinzipiell größer, obwohl Komponente wie Tank oder Auspuffanlage wegfallen. Der erhöhte Rohstoffbedarf ist vor allem auf die Batterie und den Elektromotor zurückzuführen, weil die Batterie deutlich mehr als die Antriebskomponenten eines ICEV wiegt. Zu den wichtigsten zusätzlichen Rohstoffen gehören Lithium, Kobalt, Nickel und in vielen Fällen die Gruppe der seltenen Erden, welche ausschließlich im Elektromotor verwendet werden (vgl. umweltrat.de 2017:84).

Außerdem werden in BEVs heute oft leichte Materialien für die Karosserie genutzt, welches das schwerere Blech ablöst und somit das Gesamtgewicht des Fahrzeugs reduziert. Zu diesen Materialien gehören heute vor allem Aluminium und CFK (vgl. uba.de 2016: 142). Deren Herstellung ist oft energieintensiver, was einen negativen Umwelteinfluss hat, allerdings durch die Gewichtseinsparung in den Verbrauchwerten wieder relativiert wird (vgl. umweltrat.de 2017: 95).

Einige Rohstoffe die in Elektroautos verwendet werden sind wegen den Umständen in denen sie abgebaut werden umwelttechnisch kritisch zu betrachten (Tabelle 3). Der Abbau von Kobalt zum Beispiel gilt als sehr umweltschädlich. Dies liegt vor allem daran, dass die Hälfte des weltweiten Kobalts aus dem Kongo stammt (vgl. bund.de 2014: 71). Dort gibt es kaum Umweltschutz und viele Mienen werden illegal betrieben. Deshalb sind nahe Kobaltminen oft Boden und Wasser verseucht (vgl. adelphi.de 2010: 21). Durch radioaktive Abstrahlung der Erze sowie durch Staub und Schadstoffe besteht außerdem ein hohes gesundheitliches Risiko für die Bevölkerung (vgl. verbraucherzentrale.nrw 2016).

Der Hauptkritikpunkt bei der Gewinnung und Weiterverarbeitung von Lithium ist der Wasserverbrauch. Lithium wird zum Beispiel aus Salzseen in Chile oder Bolivien gewonnen, was direkte Auswirkungen auf den sinkenden Grundwasserspiegel hat (vgl. fu-berlin.de 2012: 54). Es kommt zu einer Veränderung im Ökosystem, welches eine Bedrohung für die dortigen Feuchtgebiete, sowie die dort lebenden Tiere und Menschen, darstellt. Ein weiteres Problem sind Staubwolken, die bei der Förderung entstehen und Böden und Gewässer verschmutzten, sowie Gesundheitsprobleme beim Menschen verursachen können (vgl. global2000.at 2012). Auch andere kritische Rohstoffe, wie viele seltene Erden, sind für Boden- und Wasserverschmutzungen verantwortlich, werden aber teilweise gar nicht oder nur in geringen Mengen in BEV benötigt.

In Zukunft muss der Abbau einiger Rohstoffe aufgestockt und neue Abbaugebiete müssen erschlossen werden, da vor allem Lithium nicht in ausreichender Menge produziert wird (vgl. Tabelle 4). Experten gehen aber davon aus, dass es genug Ressourcen auf der Erde gibt auch wenn es temporären Versorgungsengpässen kommen kann (vgl. bmub.de 2016: 2).

Zusammenfassend lässt sich sagen, dass die Umweltbelastung in den Abbauländern recht hoch ist und Einfluss darauf genommen werden sollte, diese zu vermindern. Außerdem ist verbessertes Recycling der Materialien notwendig. Besonders für die Batterien fehlt ein System, um kritische Materialien wiederzuverwenden, da es noch keine wirtschaftliche Methode gibt. Auch für den Rest des Fahrzeuges erscheint eine Umstellung des heutigen Recyclingsystems sinnvoll, um höhere Rückgewinnungsquoten von Materialien, die in Kleinstmengen vorhanden sind, zu erreichen (vgl. umweltrat.de 2017: 92). Dadurch wäre es möglich, neue Elektrofahrzeuge mit einem kleineren Primärrohstoffanteil zu bauen.

2.2. Herstellung

Im Wesentlichen bestehen Elektroautos aus Fahrwerk, Karosserie, Innenraum, sowie Batterie, Elektromotor und Leistungselektronik. Bei der Herstellung des BEVs sind die Treibhausgase für die Umweltfreundlichkeit am relevantesten.

Bei Elektroautos macht die Batterie einen Großteil der CO_2-Emissionen aus. Auf den gesamten Lebenszyklus können ca. 24% der CO_2-Emissionen auf die Batterieherstellung anfallen (vgl. Eckard Helmers 2017: 8). Dies liegt am hohen Energieaufwand für die Herstellung der Batterie und den Abbau sowie die Weiterverarbeitung der benötigten Rohstoffe.

Die genaue Bestimmung von Emissionswerten ist von vielen Faktoren abhängig, daher können lediglich Richtwerte erarbeitet werden, welche sich aus einigen Studien aus den letzten Jahren zusammen tragen lassen. Generell lässt sich aber sagen, dass die geographische Herkunft eine deutlich größere Rolle spielt als die chemische Zusammensetzung. Der Energieverbrauch für die Herstellung ist mit ca. 1000MJ pro kWh Batteriekapazität sehr hoch (vgl. ivl.se 2017: 24). Der wichtigste Faktor für eine umweltfreundliche Batterieherstellung ist die Zusammensetzung des lokalen Strommixes. Heute werden fast alle Batteriezellen in Asien hergestellt (vgl. SZ.de 2017: 18), wo der Strommix von fossilen Energieträgern geprägt ist (vgl. Baihe Gu 2015: 5). Nach Auswertung mehreren Studien liegt der CO_2-Emissionsfaktor zur Herstellung einer kWh Batteriekapazität zwischen 110 und 200 kg CO_2 (vgl. Tabelle 5). Die Spannweite der Werte erklärt sich durch die unterschiedliche Energiedichte der getesteten Batterien sowie durch Unterschiede in der Zusammensetzung des Strommixes.

Beispielhaft werden die CO_2-Emissionen in dieser Facharbeit am e-Golf als Mittelklasse-/Kurzstreckenfahrzeug und am Tesla Model S p85D als Oberklasse-/Langstreckenfahrzeug dargestellt. Verschiedene Studien haben sie für die gesamte Produktionskette ermittelt. „Nach Umweltprädikat des e-Golf fallen für die Herstellung etwa 9 Tonnen CO_2-Emissionen an" (uba.de 2016: 85). Dieser Wert wird von der Vereinigung *Union of Concerned Scientists* bestätigt (vgl. UCS.org 2015: 40). Von den 9 Tonnen CO_2 entfallen rund 40% oder ca. 3,6 Tonnen CO_2 auf die Produktion der 24,2 kWh Batterie an.

Der Tesla S p85D hat mit 85 kWh eine 3,5 Mal größere Batteriekapazität als der e-Golf, was auch zur einem deutlich höheren CO_2-Fußabdruck in der Herstellung des Teslas führt. Die Studie des ifeu-Instituts geht von einem BEV mit einer Batteriekapazität von 80kWh aus und kommt auf einen Wert von etwa 16 Tonnen CO_2 (vgl. uba.de 2016: 79). Auch hier wird der Wert von der UCS annähernd bestätigt (vgl. vgl. UCS.org 2015: 21). Nach diesen Studien errechnet sich, dass für die 85 kWh Batterie des Teslas etwa 12 Tonnen CO_2 für die Herstellung anfallen, was somit fast 75% seiner Herstellungsemissionen ausmacht.

Da Tesla in Zukunft plant, seine Batteriefabrik bis 2020 mit erneuerbaren Energien zu betreiben (vgl. teslarati.com 2015) (vgl. tesla.com 2018), wird dieser Wert in Zukunft voraussichtlich stark zurückgehen. Durch die Batterieproduktion ohne Treibhausgasemissionen würden etwa 65% der gesamten Batterieemissionen entfallen (vgl. transportenvironment.org 2017: 3), was den CO_2-Fußabdruck der 85 kWh Batterie auf 4,2 Tonnen senken würde.

2.3. Vergleich der Herstellung mit konventionellen Autos

Die Herstellung eines BEV hat eine deutlich höhere Umweltbeeinträchtigung zur Folge als eine ICEV (vgl. umweltrat.de 2017: 91). Der CO_2 Ausstoß bei der Herstellung eines Diesel und Benzinautos ist ähnlich liegt aber bedeutend niedriger als bei einem vergleichbaren BEV. Bei diesen sind vor allem Fahrzeuge mit großen Batterien von sehr hohen Herstellungsemissionswerten betroffen. Die Herstellungsemissionen für einen Tesla gibt das USC mit 68% mehr Emissionen an als bei einem vergleichbares ICEV. Für die Herstellung eines e-Golfes werden 50% mehr CO_2-Emissionen ausgestoßen als für die Herstellung eines Golfes mit Verbrennungsmotor (vgl. Tabelle 6).

Daraus folgt, dass die Herstellung ein wichtiger Aspekt der Umweltfreundlichkeit eines BEV ist und daher immer mit einbezogen werden sollte. Um zu ermitteln wie groß dieser Einfluss ist, muss erst die Umweltfreundlichkeit der Gebrauchsphase ermittelt werden.

Durch den Abbau mancher Rohstoffe kann es auch bei der Herstellung von ICEVs zu Wasser- und Bodenverschmutzungen kommen. Dies fällt oftmals durch die Verwendung weniger Rohstoffen, sowie durch einem größeren Anteil an recycelten Materialien im Vergleich zum BEV nicht so gravierend aus (vgl. uba.de 2016: 121, 132).

Demnach kann man insgesamt für die Herstellung eines BEV sagen, dass diese gegenwärtig sowohl hinsichtlich der Kohlenstoffdioxidemissionen sowie der Umweltverträglichkeit der benötigten abgebauten Rohstoffe schlechter ist als ein vergleichbares ICEV. Zukünftig jedoch wird die Herstellung von Batterie für Elektroautos mit hoher Wahrscheinlichkeit immer weniger die Umwelt belasten, da bei höheren Anteilen von erneuerbaren Energien am Strommix weniger Emissionen ausgestoßen werden.

3. Die Benutzungsphase

3.1. Verbrauch und Effizienz

Zu den wichtigsten Eigenschaften eines BEVs gehört die Effizienz, vor allem die der Tank-to-Wheel Wirkungskette, welche die Wirkungskette des Ladens (oder Tankens) bis zur Umwandlung in Bewegung an den Reifen beschreibt und somit die Effizienz des Fahrzeugs erkennbar macht. Im BEV sind die zugehörigen Komponenten vor allem die Batterie und der Elektromotor. Studien kommen zu dem Ergebnis, dass ein BEV im Vergleich zu einem ICEV um bis zu 3 (vgl. umweltrat.de 2017: 82) bis 3,6 Mal effizienter ist (vgl. Eckard Helmers 2017: 5).

Die Herstellerverbrauchswerte sind teils deutlich niedriger als die Testergebnissen des ADAC. Vor allem auf der Autobahn wird der Herstellerverbrauchswert des e-Golfs von 12,7 kWh/ 100km und der des Teslas von 17,7 kWh/100km nicht erreicht (vgl. Tabelle 7). Diese Verbrauchswerte sind z.B. von der Außentemperatur und dem Beschleunigungs- und Nutzungsprofils des Fahrers abhängig (vgl. umweltrat.de 2017:82).

Die Effizienz eines BEV ist im Stadtverkehr, also einer urbanen bis suburbanen Region, am besten was sich in niedrigen Verbrauchswerten zeigt (vgl. Eckard Helmers 2017: 5). Die Außentemperatur beeinflusst die Lebensdauer der Batterie und den Batteriewirkungsgrad (vgl. Tabelle 8). Auch der Energieaufwand für Heizungs- und Klimaanlage beeinflusst die Reichweite (vgl. uba.de 2016: 99). Möglichkeiten der Effizienzsteigerung sind das regenerative Bremsen, sowie die Verbesserung der Ladeeffizienz. Die Ladeeffizienz ist ein wichtiger Aspekt, da beim heutigen Laden zwischen 10% (vgl. teslaliving.net 2014) und 14% der Energie bei Umwandlungen verloren gehen kann (vgl. Eckard Helmers 2017: 8).

3.2. Herkunft des Stroms und sein Einfluss

Die Herkunft des Stroms, also wo und wodurch die benötigte Energie erzeugt wird, hat einen wichtigen Einfluss auf die Emissionen eines BEV in Deutschland. Dies kann sich in naher Zukunft verändern, indem sich die Zusammensetzung des deutschen Strommixes von fossilen zu erneuerbaren Energien ändert. Für die Berechnung der CO_2-Emissionen über die Lebensdauer eines BEV wird, wie in der Studie des Bundesumweltamts, die gesamte Fahrstrecke auf 168.000 km in 13 Jahren geschätzt (vgl. uba.de 2016: 87). In meiner Berechnung wird von den offiziellen Verbrauchswerten ausgegangen und Ladeverluste werden vernachlässigt. Gegenwärtige und zukünftige Emissionswerte werden in zwei Szenarien ermittelt:

Szenario 1: Deutscher Strommix im Jahr 2015 (33,6% erneuerbare Energien)

Szenario 2: Erwarteter deutscher Strommix im Jahr 2030 (50-60% erneuerbare Energien)

Im Jahr 2015 wurde laut eines Berichts des Frauenhofer-Instituts 33,6% des deutschen Stroms aus erneuerbaren Energien gewonnen, (vgl. frauenhofer.de 2017: 11). Da es zum Emissionsfaktor noch keine Zahlen für das Jahr 2017 und nur Schätzungen für 2016 gibt, wurden die Zahlen aus dem Jahr 2015 genutzt. Laut Bundesumweltamt wurden in Deutschland 534 g CO_2 für die Produktion einer kWh Strom ausgestoßen (vgl. uba.de 2017).

Im ersten Szenario stößt der VW e-Golf somit in Deutschland 68g CO_2/km aus, was über die gesamte Lebensspanne von 168.000 Kilometern 11,4 Tonnen CO_2 entspricht. Der Tesla stößt 94,5g CO_2/km aus, so dass er aufgrund seines höheren Verbrauches etwa 15,9 Tonnen emittiert.

Im zweiten Szenario wird davon ausgegangen, dass rund 50% (vgl. greenpeace.de 2016: 5) bis 60% des deutschen Stroms im Jahr 2030 aus erneuerbaren Energien stammen wird (vgl. netzentwicklungsplan.de 2016: 46) und das dann für eine kWh Strom etwa 300g CO_2 anfallen werden (vgl. uba.de 2016: 96). Bei diesen Annahmen würden für die Benutzung des e-Golf über 168.000 km etwa 6,4 Tonnen (38g CO_2/km) und für den Tesla 8,9 Tonnen CO_2 (53g CO_2/km) Emissionen anfallen. Demnach ist ein Elektroauto deutlich sauberer, wenn in Zukunft auch der Strommix sauberer wird (vgl. Tabelle 9).

3.3. Vergleich der Benutzungsphase mit konventionellen Autos

Um herauszufinden welches Auto ökologischer ist, werden die verschiedenen Verbrauchsangaben der Autos und verglichen und bewertet.

Bezogen auf den CO_2 Ausstoß je Kilometer ist der VW e-Golf deutlich umweltfreundlicher als die vergleichbaren ICEV Modelle, wenn von den Herstellerangaben ausgegangen wird. Für die Berechnung genauer Zahlen siehe Tabelle 10. Auch bezogen auf die ermittelten Verbrauchsdaten des ADAC ist das e-Golf Modell immer besser als der Benziner und nur auf der Autobahn schlechter als der Golf mit Dieselmotor (vgl. Tabelle 11). Hierbei wird bei den ICEVs immer von den Herstellerangaben ausgegangen, da keine guten Testmesswerte vorliegen. Beim erwarteten Strommix im Jahr 2030 wird deutlich, dass der e-Golf in allen Anwendungen wesentlich weniger CO_2 ausstoßen wird als die Fahrzeuge mit konventionellen Antrieben (vgl. Tabelle 12).

Auch die CO_2 Werte des Tesla, welcher vom Preis und Gewicht mit dem Audi A8 vergleichbar ist, ergeben ein vergleichbar gutes Ergebnis wie beim e-Golf (vgl. Tabelle 13). Im Zukunftsszenario 2 würde der Tesla Model S im Jahr 2030 das sauberste der ausgewählten Fahrzeuge während des Gebrauchs sein (vgl. Tabelle 14).

Bezogen auf die anfallenden Stickstoffoxide lässt sich feststellen, dass diese bei den Elektroautos geringere Mengen anfallen als beim Diesel und nur etwas mehr als bei einem Benziner. Der VW e-Golf zum Beispiel würde im gegenwärtigen deutschen Strommix etwa 0,058g NO_2/km (vgl. umweltbundesamt.de 2016) im Vergleich zum VW Golf Benziner mit 0,009g NO_2/km etwas mehr und dem VW Golf mit Dieselmotor mit 0,23g NO_2/km deutlich weniger ausstoßen (vgl. adac.de 2016) (vgl. Tabelle 15). Für die menschliche Gesundheit ist außerdem von Vorteil, dass keine lokalen Abgase bei der Nutzung entstehen.

4. Bewertung der Umweltfreundlichkeit und Fazit

Eine zukünftige Veränderung, hin zu mehr Elektroautos, soll dem Klima und der Umwelt helfen. Doch sind Elektroautos ein Gewinn für die Umwelt?

Um eine abschließende Bewertung des Elektroautos aus ökologischer Sicht vorzunehmen muss der gesamte Lebenszyklus betrachtet werden. Die Herstellung der BEVs ist aufwendiger als beim konventionellen Auto und kann heutzutage bis 45% der gesamten CO_2-Emissionen ausmachen. Vor allem die Herstellung der Batterie bei Langstreckenautos ist sehr emissionsreich, ebenso wie die Produktion von Leichbaumaterialien. Außerdem führt der Ressourcenbedarf für die Herstellung zu höheren Wasserbedarf und Bodenverschmutzungen in den Abbauländern, als beim ICEV.

Bezieht man die Nutzungsphase mit ein, wendet sich das Bild. Diesel und Benzin ICEVs stoßen verglichen mit BEVs deutlich mehr direkte CO_2-Emissionen und Emissionen der Kraftstoffbereitstellung aus (vgl. uba.de 2016: 79). Betrachtet man die CO_2-Emissionen über die gesamte Lebensdauer schneiden schon heute die Elektromodelle besser ab als die vergleichbaren Diesel oder Benziner (vgl. Tabelle 16). Da BEVs keine Schadstoffe ausstoßen, sind sie außerdem besser für die Gesundheit von Bewohnern und helfen die Schadstoffgrenzwerte in Städten einzuhalten. Zusammenfassend ist das BEV schon heute ein leichter Gewinn für die Umwelt dabei erzielt es die beste Effizienz auf Kurzstrecken

Der Klimawandel macht eine Abkehr von fossilen Rohstoffen notwendig und die Vorteile des Elektroautos werden sich in Zukunft durch den Ausbau der erneuerbaren Energien im lokalen Strommix weiter erhöhen (vgl. Tabelle 17). Durch eine Weiterentwicklung der Batterietechnologie und ein verstärktes Recycling der Rohstoffe erwarte ich, dass sich diese Nachteile verringern werden. Daher ist meine Meinung, dass BEVs zukünftig einen großen ökologischen Beitrag leisten werden.

Eine breite Akzeptanz wird das Elektroauto allerdings nur mit einem dichten Netz an Ladestationen und akzeptablen Ladezeiten erreichen. Ausgebaute und belastbare Stromnetze sind ebenfalls wesentliche Vorraussetzungen für einen Massenmarkt. Hierfür werden erhebliche Investitionen notwendig sein (vgl. uba.de 2016: 83).

Ich denke, dass eine Dekarbonisierung möglich ist, allerdings müsste die Bundesregierung den Kohleausstieg deutlicher vorantreiben und die erneuerbaren Energien ausbauen. Dennoch ist jedes verkaufte BEV ein Schritt in die richtige Richtung, da Autos mit Verbrennungsmotor abgeschafft werden müssen, um die Klimaerwärmung zu stoppen. BEVs sind eine gute Alternative, da sie mit dem Strommix ohne Umrüstung sauberer werden und auch heute schon meist ökologischer sind.

Abschließend stellt sich mir die Frage, was alles getan werden muss, um den Anteil an Elektroautos auf den Straßen signifikant und schnell zu erhöhen? Dieser ist gegenwärtig mit unter einem Prozent kaum nennenswert. Wo wird begonnen die Infrastruktur auszubauen, so dass der Anteil an Elektroautos schnell wächst? An welchen Stellen bringt das zu investierende Geld am meisten Nutzen? Nur falls der Gebrauch von Elektroautos für Autofahrer einfach ist, werden sich die Absatzzahlen erheblich steigern, und nur wenn die Anzahl der BEV deutlich steigt, werden sie ein großer ökologischer Gewinn für die Zukunft sein.

5. Literaturverzeichnis

[A]

- (adac.de 2013) ADAC e.V.: *ADAC Autotest Tesla Model S Performance*, September 2013, URL: https://www.adac.de/_ext/itr/tests/Autotest/AT5022_Tesla_Model_S_Performance/Tesla_Model_S_Performance.pdf, zuletzt Zugegriffen 28.01.18, 18:02 Uhr.

- (adac.de 2014) ADAC e.V.: *ADAC Autotest VW e-Golf*, Juni 2014, URL: https://www.adac.de/_ext/itr/tests/Autotest/AT5134_VW_e_Golf/VW_e_Golf.pdf, zuletzt Zugegriffen 28.01.18, 18:02 Uhr.

- (adac.de 2016) ADAC e.V.: *ADAC EcoTest NEU ab September 2016*, September 2016, URL: https://www.adac.de/infotestrat/tests/eco-test/default.aspx?ComponentId=29755&SourcePageId=8749&quer=ecotest, zuletzt Zugegriffen 04.02.2018, 16:02 Uhr.

- (adelphi.de) Auftraggeber Umweltbundesamt (UBA): *Rohstoffkonflikte nachhaltig vermeiden: Fallstudie und Szenarien zu Kupfer und Kobalt in der Demokratischen Republik Kongo (Teilbericht 3.2))*, September 2010, URL: https://www.adelphi.de/de/system/files/mediathek/bilder/rohkon_bericht_3-2_kongo_1_0.pdf, letzter Zugriff 24.01.17, 17:35 Uhr.

- (Audi.de 2018) Audi AG: *Willkommen in der Zukunft. Der neue Audi A8*, 2018, URL: https://www.audi.de/de/brand/de/neuwagen/a8/a8.html#layer=/de/brand/de/neuwagen/a8/a8.engine_compare.4N20DA3EB3,4N20DA3EB3.techdata.html, zuletzt Zugegriffen 03.02.2018, 15:52 Uhr.

[B]

- (bmub.de 2016) Bundesministerium für Umwelt: *Kurzinformation Elektromobilität bzgl. Strom- und Ressourcenbedarf*, 2016, URL: http://www.bmub.bund.de/fileadmin/Daten_BMU/Download_PDF/Verkehr/emob_strom_ressourcen_bf.pdf, zuletzt Zugegriffen 10.02.2018, 26:05 Uhr.

- (bund.de 2014) Bundesanstalt für Geowissenschaften und Rohstoff: *Vorkommen und Produktion mineralischer Rohstoffe – ein Ländervergleich*, Mai 2014, URL: https://www.bgr.bund.de/DE/Themen/Min_rohstoffe/Downloads/studie_rohstoffwirtsch aftliche_einordnung_2014.pdf?__blob=publicationFile&v=4, letzter Zugriff 24.01.17, 17:30 Uhr.

[E]

- (Eckard Helmers 2017) Eckard Helmers, Martin Weiss: *Advances and critical aspects in the life-cycle assessment of battery electric cars*, 1.02.2017, URL: https://www.dovepress.com/advances-and-critical-aspects-in-the-life-cycle-assessment-of-battery--peer-reviewed-article-EECT, zuletzt Zugegriffen 24.01.18, 17:59 Uhr.

[F]

- (frauenhofer.de 2017) Fraunhofer Institut für Solare Energiesysteme ISE: *Stromerzeugung in Deutschland im ersten Halbjahr 2017*, 05.07.2017, URL: https://www.ise.fraunhofer.de/content/dam/ise/de/documents/publications/studies/daten-zu-erneuerbaren-energien/Stromerzeugung_2017_Halbjahr_1.pdf, zuletzt Zugegriffen 29.01.18, 16:21 Uhr.

- (fu-berlin.de) Juliana Ströbele-Gregor: Lithium in Bolivien: *Das staatliche Lithium-Programm, Szenarien sozio-ökologischer Konflikte und Dimensionen sozialer Ungleichheit*, 10/2010 bis 04/2011, URL: http://www.diss.fu-berlin.de/docs/servlets/MCRFileNodeServlet/FUDOCS_derivate_000000001977/13_W P_Stroebele_Gregor_online_dt.pdf;jsessionid=AFC2704F4414F9ACCD77F82813E6D EF6?hosts, zuletzt Zugegriffen 24.01.18, 17:49 Uhr.

[G]

- (global2000.at) Umweltschutzorganisation GLOBAL 2000/Friends of the Earth Austria: *Lithiumgewinnung im Norden Chiles*, 2012, URL: https://www.global2000.at/lithiumgewinnung-im-norden-chiles, zuletzt Zugegriffen 24.01.18, 17:54 Uhr.

- (goingelectric.de 2014) GoingElektric Elektroauto News: *Durchschnittsverbrauch e-Golf im Winter*, Dezember 2014, URL: https://www.goingelectric.de/forum/e-golf-batterie-reichweite/durchschittsberbrauch-e-golf-im-winter-t8181.html, zuletzt Zugegriffen 28.01.18, 18:15 Uhr.

- (greenpeace.de 2016)Greenpeace, NewClimate Institute: *Was bedeutet das Pariser Abkommen für den Klimaschutz in Deutschland?*, Februar 2016, URL: https://www.greenpeace.de/files/publications/160222_klimaschutz_paris_studie_02_2016_fin_neu.pdf, zuletzt Zugegriffen 30.01.18, 15:49 Uhr.

- gutefrage.net, Benutzter: payize1, *Elektroautos - was sagt ihr zu diesem Foto :)?* , 10.08.17, URL : https://www.gutefrage.net/frage/elektroautos---was-sagt-ihr-zu-diesem-foto-, letzter Zugriff 18.12.17, 16:13 Uhr

[I]

- (it-times.de 2018) Dipl.-Kfm. Reinhard Münsch: *Elektroauto – Elektroautomobil*, URL: http://www.it-times.de/tag/elektroauto/, letzter Zugriff 24.01.2018, 17:00 Uhr.

- (ivl.se 2017) IVL Swedish Environmental Research Institute 2017: *The Life Cycle Energy Consumption and Greenhouse Gas Emission from Lithium - Ion Batteries*, März 2017, URL: http://www.ivl.se/download/18.5922281715bdaebede95a9/1496136143435/C243.pdf, zuletzt Zugegriffen 24.01.17, 18.03 Uhr.

[K]

- (kba.de 2017) Kraftfahrtbundesamt: *Fahrzeugzulassungen (FZ)Bestand an Kraftfahrzeugen nach Umwelt-Merkmalen 1. Januar 2017*, 01.01.2017, URL: https://www.kba.de/SharedDocs/Publikationen/DE/Statistik/Fahrzeuge/FZ/2017/fz13_2017_pdf.pdf?__blob=publicationFile&v=2, zuletzt Zugegriffen 31.01.18, 18:11 Uhr.

[N]

- (netzentwicklungsplan.de) Olivier Feix (50Hertz Transmission GmbH), Thomas Wiede (Amprion GmbH), Marius Strecker (TenneT TSO GmbH), Regina König (TransnetBW GmbH): *SZENARIORAHMEN FÜR DIE NETZENTWICKLUNGSPLÄNE STROM 2030*, Januar 2016, URL: https://www.netzentwicklungsplan.de/sites/default/files/paragraphs-files/160108_nep_szenariorahmen_2030.pdf, zuletzt Zugegriffen 30.01.18, 15:44 Uhr.

[O]

- (onlinelibrary.wiley.com 2013) Ellingsen, L. A.-W., Majeau-Bettez, G., Singh, B., Srivastava, A. K., Valøen, L. O. and Strømman, A. H.: *Life Cycle Assessment of a Lithium-Ion Battery Vehicle Pack*, in Journal of Industrial Ecology, Volume 18, 01.11.2013, URL: http://onlinelibrary.wiley.com/doi/10.1111/jiec.12072/abstract, zuletzt Zugegriffen 24.01.18, 18:54 Uhr.

[S]

- (sciencedirect.com 2017) Jens F. Peters, Manuel Baumann, Benedikt Zimmermann, Jessica Braun, Marcel Weil: *The environmental impact of Li-Ion batteries and the role of key parameters – A review*, Januar 2017, URL: https://www.sciencedirect.com/science/article/pii/S1364032116304713?via%3Dihub#!, zuletzt Zugegriffen 24.01.17, 18:47 Uhr.

- (SZ 2017) Fromme, Herbert: *Ein teurer Plan*, in: Süddeutsche Zeitung (SZ), Nr. 241, S. 18, 19.10.17

[T]

- (tesla.com 2018) Tesla Inc.: *Tesla Gigafactory*, 2018, URL: https://www.tesla.com/de_DE/gigafactory?redirect=no, zuletzt Zugegriffen 25.01.18, 17:12 Uhr.

- (teslaliving.net 2014) Tesla Living: *Measuring EV charging efficiency*, 07.07.2014, URL: http://teslaliving.net/2014/07/07/measuring-ev-charging-efficiency/, zuletzt Zugegriffen 29.01.18, 17:23 Uhr.

- (teslarati.com 2015) Teslarati: *Gigafactory Will Be Net Zero And Carbon Neutral*, 12.11.2015, URL: https://www.teslarati.com/gigafactory-will-net-zero-carbon-neutral/, zuletzt Zugegriffen 11.02.2018, 18:06 Uhr.

- (transportenvironment.org 2017) European Federation for Transport and Environment: *Electric vehicle life cycle analysis and raw material availability*, Oktober 2017, URL: https://www.transportenvironment.org/sites/te/files/publications/2017_10_EV_LCA_bri efing_final.pdf, zuletzt Zugegriffen 24.01.18, 18:58 Uhr.

[U]

- (uba.de 2015) Umweltbundesamt: *Lärmwirkungen*, 23.12.2015, URL: https://www.umweltbundesamt.de/themen/verkehr-laerm/laermwirkungen#textpart-1, zuletzt Zugegriffen 31.01.18, 17:30 Uhr.

- (uba.de 2016) Umweltbundesamt, ifeu – Institut für Energie- und Umwelt forschung Heidelberg GmbH: *Weiterentwicklung und vertiefte Analyse der Umweltbilanz von Elektrofahrzeugen*, August 2014, URL: https://www.umweltbundesamt.de/sites/default/files/medien/378/publikationen/texte_27 _2016_umweltbilanz_von_elektrofahrzeugen.pdf, zuletzt Zugegriffen: 24.01.17, 18:22 Uhr.

- (uba.de 2017) Umweltbundesamt: *Strom- und Wärmeversorgung in Zahlen*, 23.05.2017, URL: https://www.umweltbundesamt.de/themen/klima-energie/energieversorgung/strom-waermeversorgung-in-zahlen#textpart-1, zuletzt Zugegriffen 29.01.18, 16:15 Uhr.

- (UCS.org 2015) Union of Concerned Scientists: *Cleaner Cars from Cradle to Grave*, November 2015, URL: https://www.ucsusa.org/sites/default/files/attach/2015/11/Cleaner-Cars-from-Cradle-to-Grave-full-report.pdf, zuletzt Zugegriffen 24.01.18, 19:11 Uhr.

- (umweltbundesamt.de 2015) Umweltbundesamt: *Schwerpunkte 2015*, Dezember 2015, URL: https://www.umweltbundesamt.de/sites/default/files/medien/378/publikationen/schwerp unkte_2015.pdf, zuletzt Zugegriffen 09.02.18, 16:03 Uhr.

- (umweltbundesamt.de 2016) Umweltbundesamt: *Spezifische Emissionsfaktoren für den deutschen Strommix*, 04.10.2016, URL: https://www.umweltbundesamt.de/themen/luft/emissionen-von-luftschadstoffen/spezifische-emissionsfaktoren-fuer-den-deutschen, zuletzt Zugegriffen 04.02.2018, 15:18 Uhr.

- (umweltbundesamt.de 2017) Umweltbundesamt: *Folgen des Klimawandels*, 23.05.2017, URL: https://www.umweltbundesamt.de/themen/klima-energie/klimafolgen-anpassung/folgen-des-klimawandels#textpart-1, zuletzt zugegriffen 04.02.2018, 18: 29 Uhr.

- (umweltrat.de) Geschäftsstelle des Sachverständigenrates für Umweltfragen (SRU): *Umsteuern erforderlich: Klimaschutz im Verkehrssektor*, November 2017, URL: https://www.umweltrat.de/SharedDocs/Downloads/DE/02_Sondergutachten/2016_2020/2017_11_SG_Klimaschutz_im_Verkehrssektor.pdf?__blob=publicationFile&v=17, letzter Zugriff 24.01.2018, 17:08 Uhr.

[V]

- (verbraucherzentrale.nrw 2016) Verbraucherzentrale Nordrhein-Westfalen e.V.: *Rohstoffabbau schadet Umwelt und Menschen*, 07.09.2016, URL: https://www.verbraucherzentrale.nrw/wissen/umwelt-haushalt/nachhaltigkeit/rohstoffabbau-schadet-umwelt-und-menschen-11537, zuletzt Zugegriffen 24.01.17, 17:43 Uhr.

[W]

- (wikipedia.org 2017) Wikipedia: *VW Golf VI*, 12.12.2017, URL: https://de.wikipedia.org/wiki/VW_Golf_VI, zuletzt Zugegriffen 03.02.2018, 15:11 Uhr.

- (wikipedia.org 2018) 2018Wikipedia: *Tesla Model S*, 29.01.18, URL: https://en.wikipedia.org/wiki/Tesla_Model_S#cite_note-rat-2014-10-09-11, zuletzt Zugegriffen 29.01.18, 13:29 Uhr.

6. Anhang

6.1. Abkürzungsverzeichnis

1. kg – Kilogramm

2. g – Gram

3. t – Tonnen

4. kWh – Kilowattstunden

5. BEV – Battery Electric Vehicle (Elektroauto)

6. ICEV - Internal Compustion Engine Vehicle (Auto mit Verbrennungsmotor)

7. PHEV – Plug-in-Hybrid Electric Vehicle (Aufladbares Hybridfahrzeug)

8. NCA - (Lithium-)Nickel-Kobalt-Aluminium(-Akku)

9. NMC - (Lithium-)Nickel-Mangan-Kobalt(-Akku)

10. CO2 – Kohlenstoffdioxid

11. CFK – carbonfaserverstärkter- (Kohlenstofffaserverstärkter) Kunststoff

12. MJ - Mega Joule

13. DE – Deutschland

14. ifeu - Institut für Energie- und Umweltforschung Heidelberg GmbH

15. uba – Umweltbundesamt

16. UCS – Union of Concerned Scientists

6.2. Tabellenverzeichnis

Tabelle 1 a): Pkw-Bestand nach Antriebsarten in Deutschland 2008-2017

Jahr	Benzin	Diesel	Flüssiggas (LPG) (einschl. bivalent)	Erdgas (CNG) (einschl. bivalent)	Elektro	Hybrid		Sonstige	Insgesamt
						Insgesamt	dar. Plug-in		
	1	2	3	4	5	6	7	8	9
2008 [1]	30 905 204	10 045 903	162 041	50 614	1 436	17 307	-	1 089	41 183 594
2009	30 639 015	10 290 288	306 402	60 744	1 452	22 330	-	940	41 321 171
2010	30 449 617	10 817 769	369 430	68 515	1 588	28 862	-	1 846	41 737 627
2011	30 487 578	11 266 644	418 659	71 519	2 307	37 256	-	17 600	42 301 563
2012	30 452 019	11 891 375	456 252	74 853	4 541	47 642	-	965	42 927 647
2013	30 206 472	12 578 950	494 777	76 284	7 114	64 995	X	2 532	43 431 124
2014	29 956 296	13 215 190	500 867	79 065	12 156	85 575	X	2 081	43 851 230
2015	29 837 614	13 861 404	494 148	81 423	18 948	107 754	X	1 833	44 403 124
2016	29 825 223	14 532 426	475 711	80 300	25 502	130 365	X	1 682	45 071 209
2017	29 978 635	15 089 392	448 025	77 187	34 022	165 405	20 975	10 894	45 803 560

[1] Durch die Harmonisierung der Fz.-Papiere werden Fahrzeuge mit besonderer Zweckbestimmung (Wohnmobile, Krankenwagen u. a.) ab dem 1. Januar 2006 den Pkw zugeordnet.- [2] Ab 1. Januar 2008 nur noch angemeldete Fahrzeuge ohne vorübergehende Stilllegungen/Außerbetriebsetzungen.

b)

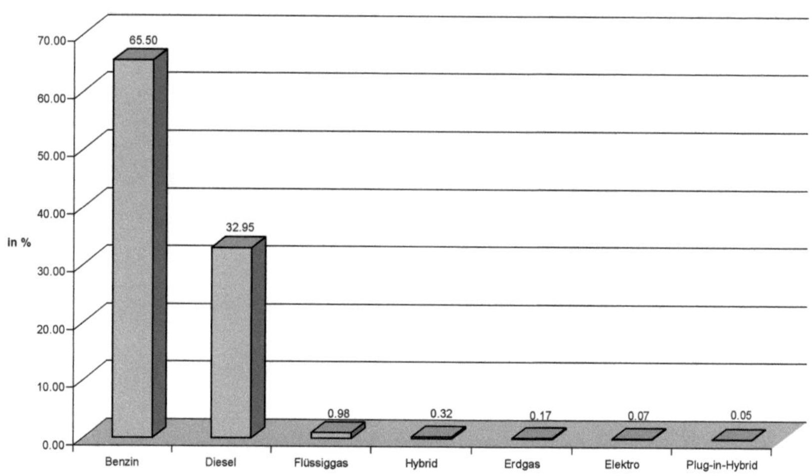

Quelle: [vgl. kba.de 2017: 10]

Tabelle 2: (vgl. umweltrat.de 2017: 87)

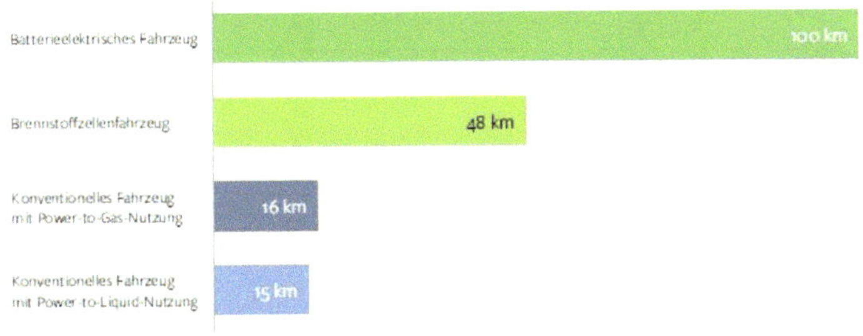

Tabelle 3: (vgl. uba.de 2016: 23)

Einsatz von kritischen Rohstoffen in Elektro-Pkw

Phosphor	Titan	Nickel	Aluminium
Gold	Molybdän	Lithium	Mangan
Eisen	Tellur	Zirkon	Kupfer
Indium	Silber	Tantal	PGM
Seltene Erden	Kobalt	Magnesium	Chrom

rot = kritisch; gelb = bedingt kritisch; grün = unkritisch

Tabelle 4: (vgl. uba.de 2016: 125)

Mengenrelevanz der eingesetzten Materialien im Elektrofahrzeug (in Bezug zur Jahresförderung)

| Kompaktklasse Fzg. (Einsatzmengen in kg) | | Anteil der Materialien an globaler Jahresförderung (2011) | | | |
| | | 1 Million | | 10 Million | |
PHEV-50	BEV-100	PHEV-50	BEV-100	PHEV-50	BEV-100
Eisen 1,130	1,060				
Kupfer 90	115			5%	7%
Nickel 90	105	5%	5%	47%	54%
Aluminium 140	115			3%	3%
Chrom 35	40			5%	6%
Lithium 7	12	20%	36%	197%	356%
Mangan 20	20				
Cobalt 2	4	2%	4%	22%	39%
Magnesium 4	4			5%	5%
Titan 2	2				
Molybdän 2	2			7%	8%
Seltene Erden 0.3	0.3			2%	2%
Silber 0.01	0.02			1%	1%
Gold 0.005	0.006			2%	2%
Tantal 0.005	0.006			3%	4%
Zirkon 0.003	0.004			3%	4%
Tellur 0.001	0.001			5%	6%
PGM 0.002	0.000	1%		6%	
Indium 0.000	0.000				

rot = relevant; gelb = bedingt relevant; grün = nicht relevant;
Datengrundlage: [IFEU 2014]; [USGS, 2011].

Tabelle 5:

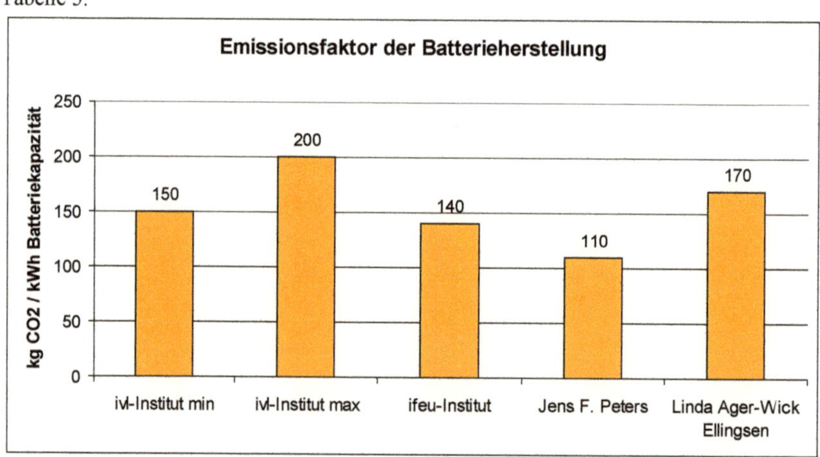

Quellen: [vgl. ivl.se 2017: 22]; [vgl. uba.de 2016: 86]; [vgl. sciencedirect.com 2017];
[vgl. onlinelibrary.wiley.com 2013].

Tabelle 6:

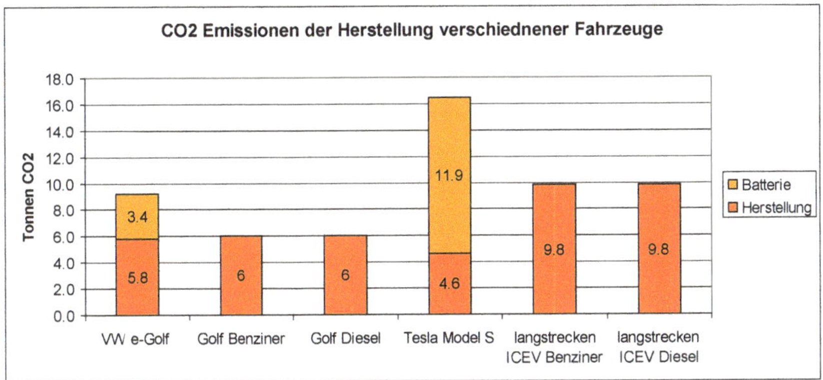

Quellen: [vgl. uba.de 2016: 79, 85, 142]; [vgl. UCS.org 2015: 21, 40]; [vgl. Tabelle 4].

Tabelle 7:

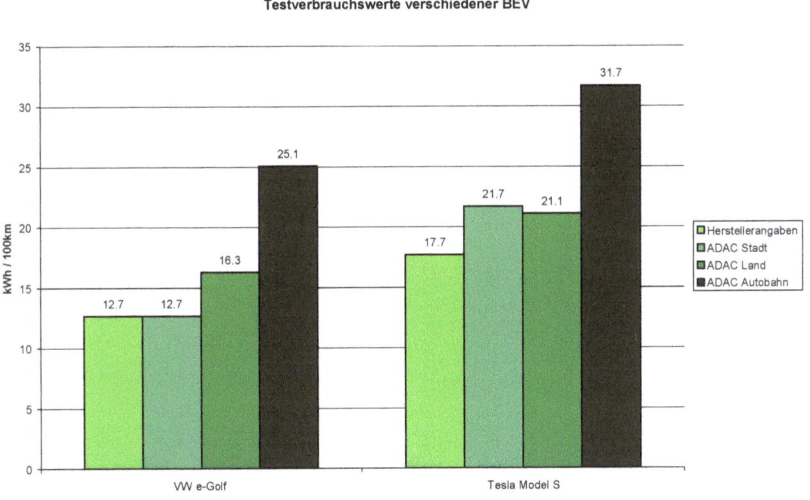

Quellen: [vgl. adac.de 2014: 15]; [vgl. goingelectric.de 2014]; [vgl. wikipedia.org 2018];
         [vgl. adac.de 2013: 16];

Tabelle 8: (vgl. uba.de 2016: 99)

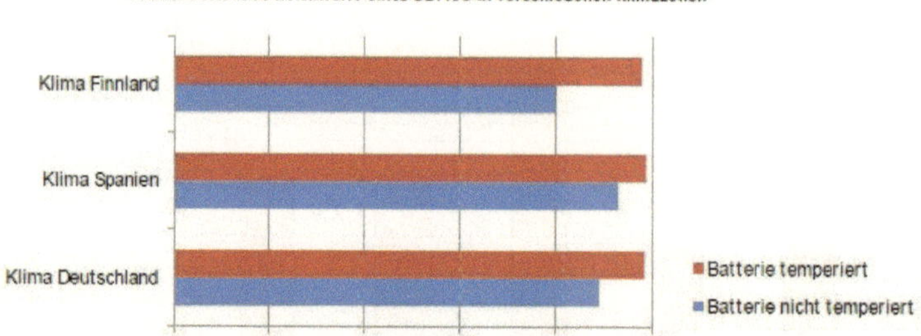

Tabelle 9:

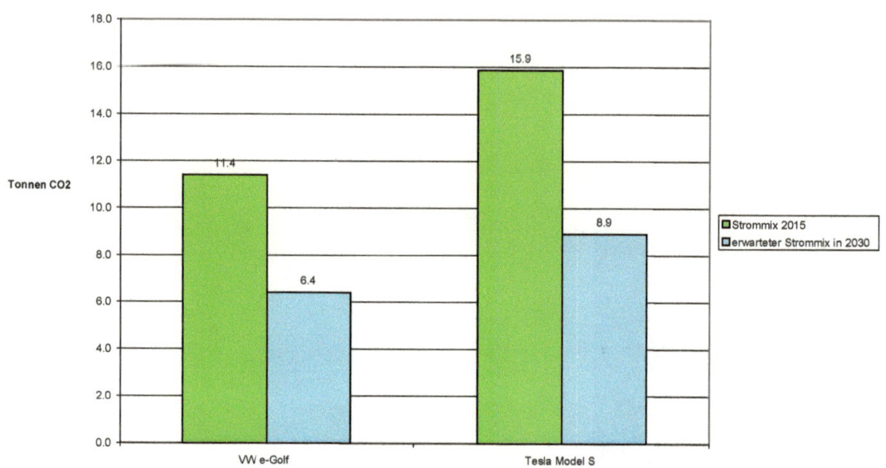

Quellen: [vgl. uba.de 2017]; [vgl. adac.de 2014: 15]; [vgl. vgl. uba.de 2016: 96];
        [vgl. wikipedia.org 2018].

Tabelle 10: Berechnung der CO2-Emissionen des Gebrauches von verschiedenen Fahrzeugtypen

Fahrzeug	CO2-Faktor Strommix Deutschland	Multiplizieren mit → Verbrauch (BEV) oder CO2 Ausstoß (ICEV)	Multiplizieren mit → Gefahrende Kilometer	Teilen zur Umwandlung der Einheit → Tonnen	ergibt → Tonnen CO2 beim Gebrauch
VW e-Golf	534 g CO2 / 1 kWh Strom	* 0,127 kWh / 1 km	* 168.000 km	/ 1.000.000	11,4 Tonnen CO2
VW Golf Benziner	-	166 g CO2 / 1 km	* 168.000 km	/ 1.000.000	27,9 Tonnen CO2
VW Golf Diesel	-	119 g CO2 / 1 km	* 168.000 km	/ 1.000.000	20 Tonnen CO2
Tesla Model S p85D	534 g CO2 / 1 kWh Strom	* 0,177 kWh / 1 km	* 168.000km	/ 1.000.000	15,9 Tonnen CO2
langstrecken ICEV Benziner	-	180 g CO2 / 1 km	* 168.000km	/ 1.000.000	30,2 Tonnen CO2
langstrecken ICEV Diesel	-	150 g CO2 / 1 km	* 168.000km	/ 1.000.000	25,2 Tonnen CO2

Tabelle 11:

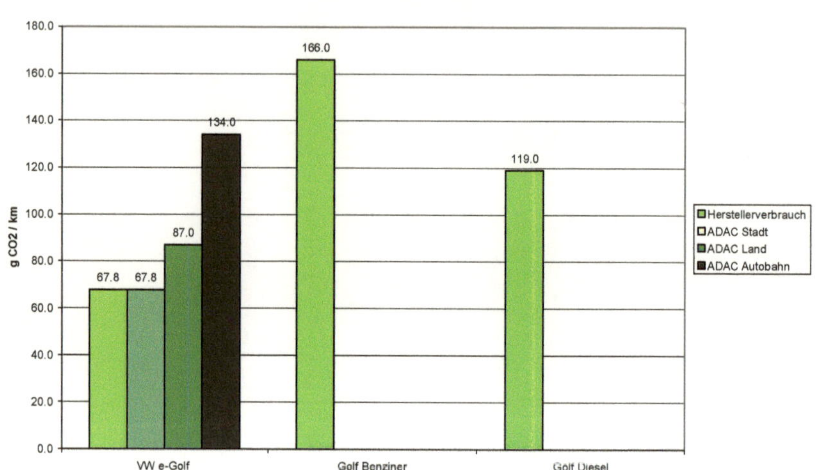

Quellen: [vgl. Tabelle 6]; [vgl. uba.de 2017]; [vgl. wikipedia.org 2017].

Tabelle 12:

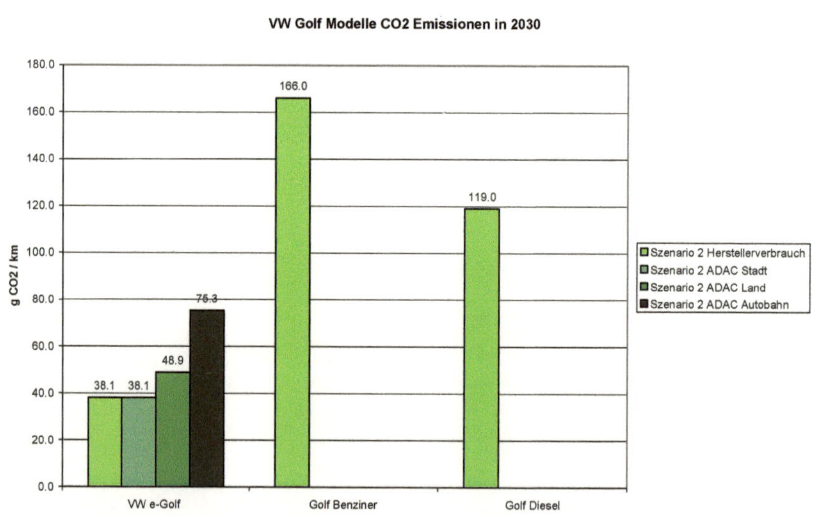

Quellen: [vgl. Tabelle 6]; [vgl. vgl. uba.de 2016: 96]; [vgl. wikipedia.org 2017].

Tabelle 13:

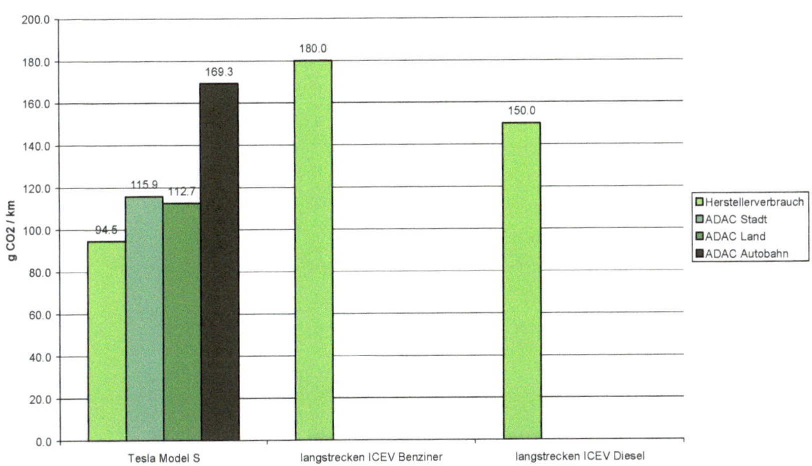

Quellen: [vgl. Tabelle 6]; [vgl. uba.de 2017]; [vgl. Audi.de 2018].

Tabelle 14:

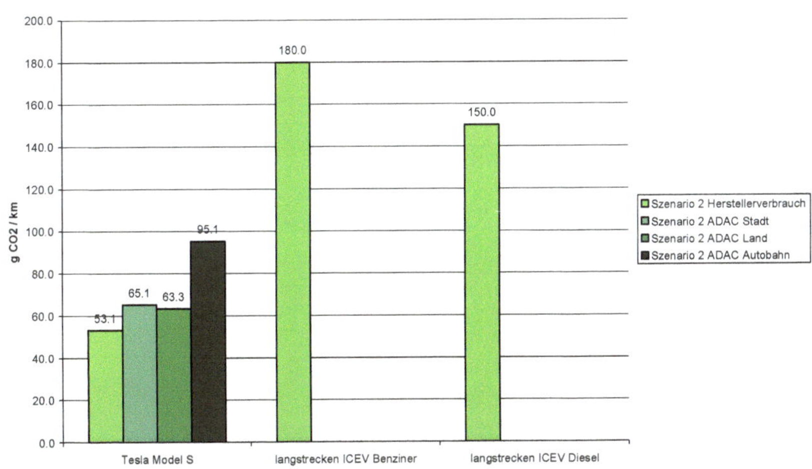

Quellen: [vgl. Tabelle 6]; [vgl. uba.de 2016: 96]; [vgl. Audi 2018].

Tabelle 15:

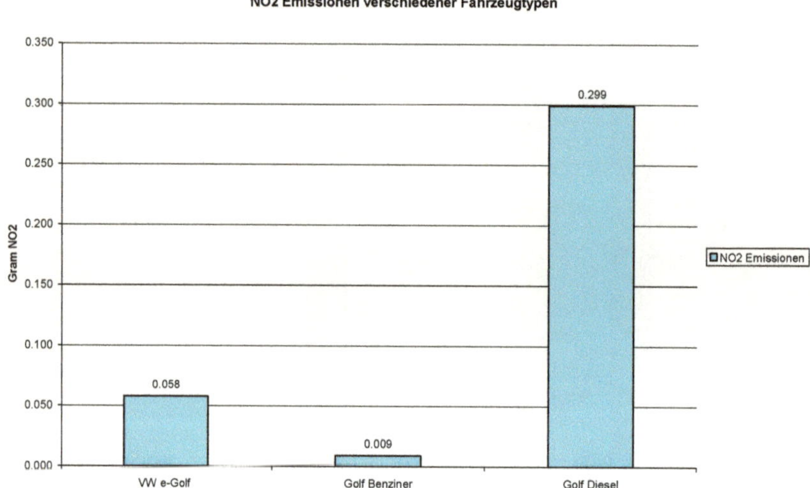

Quellen: [vgl. umweltbundesamt.de 2016]; [vgl. adac.de 2016].

Tabelle 16:

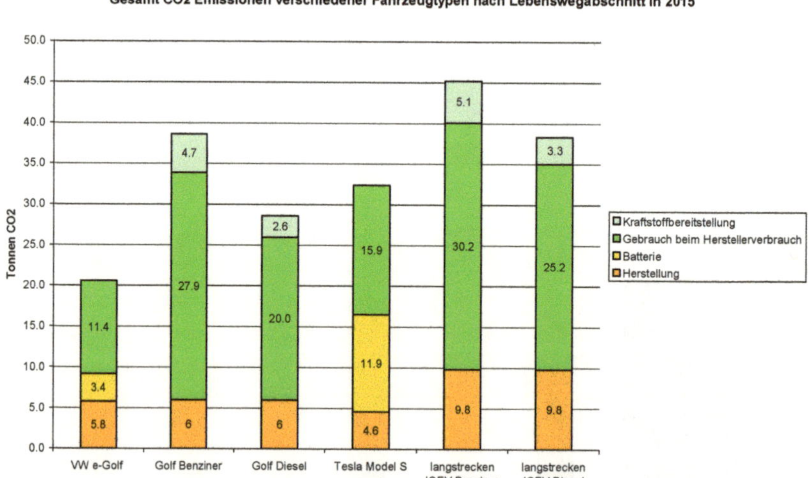

Quellen: [vgl. Tabelle 4]; [vgl. Tabelle 5]; [vgl. Tabelle 8]; [vgl. wikipedia.org 2017];

[vgl. Audi 2018]; [vgl. vgl. uba.de 2016: 79].

Tabelle 17:

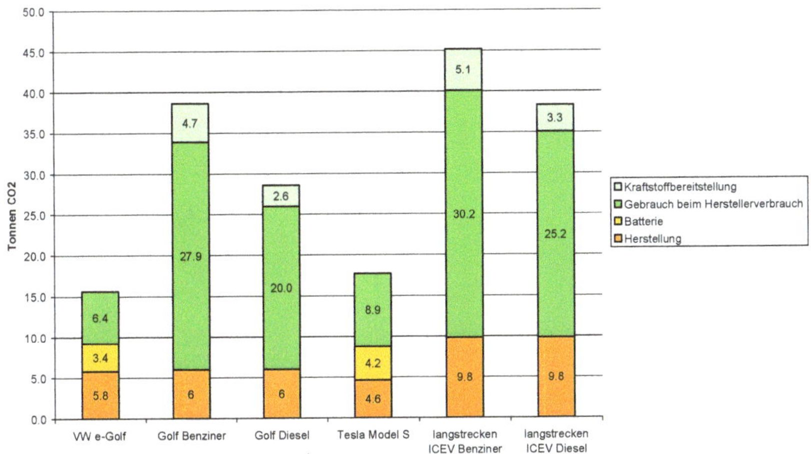

Quellen: [vgl. Tabelle 4]; [vgl. Tabelle 5]; [vgl. Tabelle 8]; [vgl. wikipedia.org 2017];

[vgl. Audi 2018]; [vgl. vgl. uba.de 2016: 79, 96]; [vgl. teslarati.com 2015];

[vgl. transportenvironment.org 2017: 3].

BEI GRIN MACHT SICH IHR WISSEN BEZAHLT

- Wir veröffentlichen Ihre Hausarbeit,
  Bachelor- und Masterarbeit

- Ihr eigenes eBook und Buch -
  weltweit in allen wichtigen Shops

- Verdienen Sie an jedem Verkauf

Jetzt bei www.GRIN.com hochladen
und kostenlos publizieren